這個時候
你該怎麼辦？

從 **魔界** 守護到
**領導溝通** 的生存挑戰

監修｜松浦正浩
明治大學專門職研究所
治理研究科專任教授

繪者｜花小金井正幸

譯者｜李彥樺

# 目次

## 第1關 魔王誕生！　　　17

## 第2關 尋找同伴　　　31

# 本書的閱讀方式

## 情境問題

### 選擇 Ⓐ 還是 Ⓑ ……？
### 想活下去，就得找出正確答案！

在故事裡，你會遇上各種不同的危機。冷靜思考，並發揮你的想像力，選出心中的答案吧。在文章或圖片裡，或許能找到一些提示……

## 解答頁

### 就算選到錯誤的答案，
### 挑戰也不會就此結束！

雖然這些生存挑戰的情境看似不可能發生在現實中，不過只要認真思考，一定能找出正確的答案！書中對正確答案及錯誤答案都有詳細說明，不用怕犯錯，只要懂得從錯誤中學習，就可以強化困境求生力。

## 道具頁・訓練頁

### 靠著道具及訓練增加存活率！

在每一關的結尾，介紹了遇上危險時方便好用的道具，以及能夠大幅強化求生能力的訓練方法。只要學會了這些，你也是生存專家！

## 知識 Tips

### 獻給想要對溝通技巧更加了解的你！

如果你心裡想著：「好想變得更加擅長溝通」，建議你讀一讀章節最後的知識Tips。吸收關於溝通的詳細知識與作法，相信你可以成為值得信賴的領袖！

# 登場人物介紹

## 九田魔男

本書的主角。雖然個性有點懦弱，但是腦筋動得很快。原本就讀小學五年級，有一天突然被傳送至魔界，當上了魔王。

## 勇者

為了打倒魔王而進入魔界的勇者。在人類的世界是英雄人物，連魔界的妖魔們一聽到他也會嚇得直發抖。

## 九田萌音

魔男的母親。性格開朗，是家中的靈魂人物。愛曲風強烈的「死亡金屬音樂」。

## 九田魔子

魔男的姊姊，國中三年級。個性隨和，不拘小節，十分擅長運動，但討厭讀書。

## 魔王之杖

一把會說話的魔杖，曾經是上一代魔王的輔佐者，如今是魔男的得力助手。

## 魔王的手下

在魔男成為魔王後，負責照顧及幫助魔男的妖魔們。

# 魔界 的祕密

「魔界」是一個有別於人類世界的神祕世界，在這裡，不管是天空、土地，還是居民（妖魔）都與人類世界完全不同！一起來看看關於魔界的詳細介紹！

## 「魔界」是什麼樣的地方？

▼

「魔界」是妖魔生活的地方，不同於人類的世界。妖魔也分成很多種族，各種族的族長都是稱霸一方的「妖魔長老」。人類經常侵略魔界，企圖占領魔界領土。

## 「魔王」又是什麼？

▼

所謂的魔王，簡單來說就是妖魔們的領導者，負責統治和人類世界截然不同的「魔界」。前一代魔王是擁有強大魔力的最強領袖，然而成為魔王的魔男卻沒有任何魔力。

# 序章 有一天我突然變成了魔王……

九田

九田魔男

魔男！怎麼不趕快整理行李？你在打混摸魚嗎？

魔男的姊姊
九田魔子

我原本在打包漫畫，一不小心就看了起來。

喵～

知道了、知道了。就算是忙著搬家，也得幫你們準備食物，對吧？

魔子！你可以來這個房間幫忙一下嗎？

媽媽！那個音樂實在是太吵了啦！

啊啊啊啊！

不管是打掃、洗衣還是搬家，只要聽「死亡金屬」音樂，就能維持最高效率！

啊啊啊啊啊啊

魔男的母親
**九田萌音**

轟轟轟轟

啊！

啊！

啊！

死亡金屬是最棒的音樂！

趕快把音樂關掉！

啊啊啊啊！

搞到我都沒心情搬家了！

……

唉……真不想搬家……

我有件事要告訴你們！

什麼事？

我已經受夠都市的吵吵鬧鬧了！我決定要搬到鄉下去住！

不會吧？

為什麼不早點說？

那裡有著美麗的大自然及乾淨的空氣，而且還沒有各種噪音！

○○縣？我從來沒聽過？

我們要轉學嗎？

媽媽的工作是翻譯，
住在哪裡都沒差……

唉……

姊姊也很擅長交際……
但我該怎麼辦呢？

喵～

哈哈哈……
你們也要幫忙收拾
行李嗎？

咦？

……嗯？

這本是什麼書啊？
我不記得有買過這本漫畫。

這該不會是媽媽
工作用的書吧？
你們怎麼可以踩
在腳下呢？

咦？魔法陣？

怎麼會有
這個……
　　媽媽……

閃！

哇啊！

這⋯⋯這裡是哪裡？

我們召喚成功了！

你拿著魔導書出現在魔王的宮殿！

你一定就是我們的新魔王吧！

什……什麼？

魔王？我在作夢嗎？

等等！你們要帶我去哪裡？

總之跟我們來就對了！

拉住

這些是什麼東西？

穿上

戴上

前任的魔王在2千年前被可恨的勇者封印，如今魔王的斗篷及魔杖終於傳承到了新魔王的手上！

新魔王！

請問你叫什麼名字？

我們終於實現了長年的心願！

名字！

我嗎？

我叫魔男……

魔男？會叫這麼特別的名字，一定是新魔王！

這個斗篷跟權杖……

這不是我最愛看的異世界轉生漫畫裡頭的魔王的服裝嗎？

勇者鬥魔王

噹 噹 噹～

魔男陛下！
妖魔長老們正在
寶座聖殿等著您呢！

妖魔？

不會吧？我從「轉學到鄉下」變成「轉生到魔界」了？

震 驚

# 這裡就是魔界的舞臺！

## 洞窟

與人類世界相通，所以常有人類從這裡跑出來。妖魔已經將洞口封住無數次，但每次都被人類挖開，只好派人隨時監視著。

## 魔森

從洞窟前往魔王城的途中一定會經過的黑暗森林，裡頭棲息著許多可怕的妖魔。

## 岩漿區

火山長年處於噴發狀態，所以不斷有岩漿湧出。

## 毒沼

看起來是乾淨的湖泊。妖魔碰到完全不會有事，人類碰到卻會全身麻痺。

## 魔王城

魔界的統治者「魔王」居住的城堡。重要的政策都是在這裡決定。對妖魔們來說，是能夠感到安心的地方。不管遇上什麼危險，都可躲到這裡面來。

## 農村

種植各種農作物，讓妖魔們填飽肚子的地方。

# 第1關

# 魔王誕生！

第 1 關
魔王誕生！

魔男不僅被傳送到魔界，而且還當上了新魔王。但魔男只是個平凡的小學生，根本沒有任何魔力，現在該怎麼辦才好？魔男還在煩惱這個問題，卻被手下推到無數妖魔的面前。

此時，手下提出了一個強人所難的要求：「請開始進行一場振奮人心的演講吧！」

## 魔王誕生！

嗯～

你會怎麼做？

選擇A還是B？

### 能夠提高成功機率的小建議！

**透過演講來建立形象，掌握妖魔們的心！**
妖魔們都還不認識新魔王魔男，因此先在他們面前進行一場演講，在大家的心中留下好印象吧！

**成為一個值得信任的領導者！**
想要做好魔王的工作，首先得成為一個受妖魔們信任的領導者。想想看，要用什麼方法才能讓妖魔們忠心臣服吧！

**成為一個受到愛戴的領導者！**
想要整合全體魔界的力量，必須凝聚廣大妖魔們的向心力。身為魔王，應該要讓妖魔們感受到自己願意與大家共同打拼的誠意。

面對一群不認識的人，到底該說什麼話才好？

# 該如何以魔王身分進行演講？

 要選哪一邊

**A** 坐在寶座上演講

站起來演講 **B**

雖然在手下的引導下，來到了寶座前，但是演講的時候，應該保持什麼樣的姿勢呢？遊戲裡的魔王，總是高高在上的坐著說話，但是回想起來，學校在開朝會的時候，校長也都是站著說話⋯⋯到底該站著，還是坐著演講比較好呢？

正確答案請見第 24 頁

---

# 演講時的聲音該多大呢？

要選哪一邊

**A** 在場的人聽得見就行了

大聲呼喊，讓外頭也能聽見 **B**

魔男來到寶座旁，才發現不僅聖殿內擠滿妖魔，就連外頭的走廊上也站滿了妖魔⋯⋯是不是應該用力大喊說話，讓外頭的妖魔也可以聽得一清二楚？但是這麼一來，聖殿內的妖魔可能會覺得很吵⋯⋯到底該怎麼做才對呢？

正確答案請見第 24 頁

要選哪一邊

**A** 說得快一點才顯得有精神

**B** 比平常再慢一點點

加快速度　　放慢速度

魔男攤開演講稿，此時手下遞來了麥克風。雖然有點緊張，但是這場演講一定得成功才行。回想起來，這種感覺有點像是他之前在同學們的面前發表科展研究的成果呢！當時因為太緊張，發表得很爛，但魔男記得那時候老師曾說過，上臺說話時應該要……

正確答案請見第 24 頁

要選哪一邊

**A** 魔界攝影機

**B** 聚集在現場的群眾

雖然手上有演講稿，但演講過程會以魔界攝影機即時轉播至整個魔界，如果一直低頭看演講稿，可能會給人不可靠的感覺。問題是，那魔男應該要看哪裡比較好？看魔界攝影機嗎？但如果這麼做，現場的妖魔們會不會感覺不受尊重？

正確答案請見第 25 頁

# 演講時該說些什麼？

A 只要大家同心協力，一起創造好結果　要選哪一邊　總之照我說的去做！ B

「今天聚集在這裡的妖魔們，我是新的魔王魔男……」演講稿在說完這句話後，紙上竟然出現了成了兩套說詞！一邊是擺出魔王的威嚴，對妖魔們下命令。另一邊則是鼓勵妖魔們跟著自己一起努力。到底他該採用哪一套說詞呢？

正確答案請見第 25 頁

正確答案請見第 25 頁

## 對答案！

### 要成為受到認同的魔王

成功？失敗？ 》》》 查看「提高成功率的方法」！

# 魔王誕生！

\\ 正確答案是這個！ //

# 提高成功率的方法

突然被要求以魔王身分進行演講，你做了哪些選擇？這些選擇是否正確？閱讀以下的說明，提升獲得認同的能力吧！

### 情境 1
### 該如何以魔王身分進行演講？

明明是第一次見面，如果坐著說話，可能會讓妖魔們覺得「這傢伙好自大，感覺真不舒服」。因此正確答案是「**B** 站起來演講」，如此一來，群眾能更清楚的看見自己，也能提升群眾的專注力。

不愧是魔王！

### 情境 2
### 演講時的聲音該多大呢？

以在班上發表為例，雖然聲音太小不好，但聲音也不是越大越好。聲音太大只會讓人覺得吵，而且心裡只想著說話要大聲，反而容易忽略「確實傳達自己的想法」這個最終的目的。因此正確答案是「**A** 在場的人聽得見就行了」。內容為自我介紹的演說，「打動人心的一席話」會比「扯開喉嚨大聲吶喊」更重要。

### 情境 3
### 說話的速度應該多快？

許多人在眾人的面前說話時，往往會一個不小心說得太快，導致聽眾聽不懂自己在說什麼。尤其是當處於緊張狀態時，更是容易越說越快。因此這一題的正確答案是「**B** 比平常再慢一點點」。當你察覺到自己正在緊張時，就要提醒自己「說慢一點」，這樣的語速才能讓對方聽起來剛剛好。

## 演講的時候應該看哪裡？

雖然我們常聽到「說話要看著對方的眼睛」，但是當現場同時有即時轉播的攝影機時，究竟應該看著攝影機，還是看著現場的聽眾呢？答案是「**B 聚集在現場的群眾**」。假如看著攝影機，不管是觀看即時轉播的人還是現場的聽眾，都會感覺到「演講者不重視現場的人」。

情境 5

## 演講時該說些什麼？

身為領導者在發表演講的時候，最重要的一點，就是要讓聽眾感覺到「這個人是來幫助我們的」，而不是「這個人是來對我們下命令的」。就算用請求口吻的命令，仍不是正確的選擇。所以這一題的正確答案，應該是「**A 只要大家同心協力，一定能創造好結果**」。只要大家都認為「跟著這個人就能創造好結果」，就會願意盡一己之力。

## 再次確認！

● 千萬不能讓他人產生不好的第一印象。

● 說話的時候，要確實看著眼前的人。

● 採取每個行動，都應該要想一下他人會有什麼反應。

#  道具

最好選擇
計時開始及結束鍵
比較好按的手錶。

## 具馬表功能的手錶

一支具有馬表功能的手錶，可以用來確認自己的演講時間會不會過長。有些人開始演講之後，腦袋裡會不斷冒出想要補充的事情，滔滔不絕的說個不停，到最後發現根本沒有人在聽……為了避免犯這樣的錯誤，一定要注意時間的分配，才能在預設的時間內結束演講。

## 打光燈

進行重要演講的時候，最好設置打光燈，讓自己的臉部表情看起來明亮清楚一些。聆聽演講的人，通常會看著演講者的臉，如果演講者的臉讓人看不清楚，往往會帶給聆聽者不好的印象。尤其是即時轉播的演講，通常聽眾只能看見演講者的上半身，這時就要更加注重「臉部的明亮度」。

照亮～

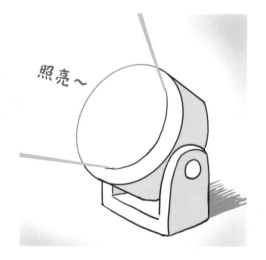

 訓練

##  「事前的準備」是演講的成功關鍵

為了在演講的時候確實傳達自己的想法，一定要事先做好準備的工作。因為如果不先設想好「要說哪些話」及「內容順序」，正式上場的時候腦袋可能會亂成一團。另外也建議在正式上場之前，找一個人當聽眾，把稿子實際從頭到尾唸一遍，除了可以知道自己哪些地方還不熟悉，在正式上場時也比較不會緊張。

## 演講要多使用「肢體語言」

想要更清楚表達自己的想法，並吸引聽眾的注意，有一個好技巧，那就是使用「肢體語言」。但如果因為害羞，導致動作太小或速度太快，反而會讓聽眾覺得那是毫無意義的動作。因此一定要提醒自己「動作要大」及「放慢速度」，並且與演講的內容互相配合，也可以同時將上半身稍微往前傾。

# 決定班級股長的好方法

## 先從大家會贊成的事項開始說起

在校園生活中，一定會遇上全班同學必須共同決定一件事的情況。例如挑選班級股長，或是要在校園發表會上表演什麼。

如果此時每個人都只顧著說自己的，場面就會變得亂七八糟，到最後往往只能用投票的方式來決定。

一旦發生這樣的情況，一定會有一些同學顯得興致缺缺，因為他們會覺得「明明另外一個提案比較好，為什麼大家都不採納。」想要避免發生這樣的情況，有一個重點一定要留意，那就是盡量「讓大家抱持相同目的」。意思就是要讓每個人都覺得「這麼做對我有好處」。例如挑選股長時，要讓某個人覺得「只要我接下這個工作，全班同學的校園生活就會更快樂。」而如果是發表會的主題，則是要讓大家覺得「選擇這個表演主題，可以留下美好的回憶！」

要做到讓大家達成「抱持相同的目的」共識，有兩點必須特別注意。

第一，這件事必須「對接下工作的人有好處」。如果某件事情對大家有好處，但會讓做的人覺得很痛苦，做的人也會做得心不甘情不願。「對接下工作的人有好處」是第一個重要的前提。

第二點，則是這件事必須「對所有人都有好處」。雖然「投票表決」是開班會時的常用手法，但這麼做有個問題，那就是會產生許多「覺得另一個提案比較好」的同學。因此就算最後還是得靠投票表決來決定，在那之前還是應該要盡可能想辦法讓「所有人」都覺得「這個做法比較好」。

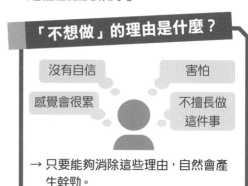

「不想做」的理由是什麼？

沒有自信　　害怕　　感覺會很累　　不擅長做這件事

→ 只要能夠消除這些理由，自然會產生幹勁。

許多全班同學必須共同參與的校內活動，都得透過討論的方式決定實際的做法。但如果只是各說各話，最後往往沒辦法討論出共同的結論。像這種時候，建議可以採用以下的方法！

##  詳細討論所有人的「共同目的」細節

首先讓大家認同「對大家都有好處」後，接下來就要決定實際該怎麼做。舉例來說，在決定「合作股長」的時候，可能會有人不願意做，理由是「午餐打菜裝湯的時候會很燙」。當遇到這樣的狀況，主持者可以提問：「原來如此，那你覺得應該怎麼做，才能讓裝湯的時候不被燙到？」這時對方可能就會說出「戴手套」之類的具體解決對策。或者也可以將問題與所有同學討論，共同想出對策。像這樣一邊詢問每個人的意見，一邊決定事情，就能讓大家確實感受到「盡一己之力，對全班同學都有好處（會受到感謝）」。這麼一來，就比較能夠讓大家抱持「相同的目的」。

### 決定股長的小技巧

你認為什麼股長對大家幫助最大？

應該是合作股長吧。

那你願意接下這個工作嗎？

好吧。

**「什麼都不想做」的背後隱藏著什麼樣的心情？**

在討論事情的時候，可能會有人什麼話都不說、什麼也不想做。這些人心裡抱持的想法，可能是「我覺得自己做不到，但我不想承認」。當你遇到這種人時，建議可以推他們一把，讓他們好好思考「有什麼事是我能做的」。

# 下一關預告

## 找出願意提供協助的同伴！

魔男好不容易才以新魔王的身分，

在妖魔們的面前完成了一場演講。

正想要喘口氣，手下們竟然說：「接下來還會越來越忙。」

似乎是因為魔界太久沒有魔王，很多工作都堆著沒做。

工作實在太多了，一個人絕對做不完！

看來只好找那些妖魔長老們幫幫忙了！

問題是魔男才剛到魔界，人生地不熟，要怎麼找到同伴？

第 **2** 關

尋找同伴

# 第**2**關
## 尋找同伴

魔王的工作堆積如山！這麼多工作，一個人絕對做不完。雖然很想請妖魔們幫忙，但今天是首次見面，恐怕不會被信任。到底該怎麼做，才能讓妖魔們伸出援手？

尋找同伴！

啊！

選擇
A還是B？

你會
怎麼做？

## 能夠提高成功機率的小建議！

### 做任何事都要在大家看得見的地方
想要增加同伴，最重要的一點，就是要盡量讓所有人看見自己正在做什麼事。如果私底下偷偷做，反而會引來「那個人鬼鬼祟祟」的懷疑！

### 誠懇說出自己的心情
要讓他人願意與自己一同努力，首先必須老實傳達自己的心情。如果被發現說話有所隱瞞，就會很難獲得信任。

### 展現出絕不放棄的熱忱
如果被拒絕一次就輕易放棄，對方一定會認為「這個人只是嘴巴說說，根本沒什麼誠意」。所以希望對方成為同伴的話應該要傳達好幾次，讓對方看見自己絕不放棄的熱忱。

什麼樣的魔王會
讓你想幫忙？

# 情境 1　增加同伴的方法

要選哪一邊

**A**　實行恐怖統治

**B**　靠遊說讓大家成為同伴

魔王的工作實在太多了，所以得先找到願意幫忙的妖魔才行！是不是應該以魔王的身分下命令，讓膽小的妖魔乖乖聽話？還是應該靠遊說的方式，讓妖魔們答應幫忙？

正確答案請見第 38 頁

# 情境 2　應該表現什麼樣的態度？

要選哪一邊

**A**　展現出強烈的熱情

**B**　澈底保持冷靜

要讓初次見面的妖魔們伸出援手，並不是一件容易的事。應該表現出什麼樣的態度，才能在妖魔們的心中留下良好的印象？以充滿感情的口吻說話，或許比較容易傳達自己的心情，但搞不好會讓對方嚇一跳……

正確答案請見第 38 頁

## 情境 3　當懇求遭到拒絕

**A** 詢問理由，不輕言放棄

**B** 立刻尋找其他妖魔

找拒絕！

魔男懇求某妖魔負責某項工作，卻遭到對方拒絕。本來以為是很適合對方的工作，對方卻不買單。應該繼續纏著對方不放，詢問拒絕的理由嗎？還是應該立刻放棄，尋找其他候補人選？

正確答案請見第 38 頁

## 情境 4　發現了需要幫助的妖魔

**A** 對方答應成為同伴才幫忙

**B** 抱著期待對方成為同伴的心情先幫忙

正好遇到需要幫助的妖魔，只要自己幫了忙，或許對方就會答應加入同伴的行列。如果先說「你必須加入我們」當作交換條件，會不會讓對方感覺自己很卑鄙？可是二話不說就幫忙，要是對方事後不肯成為同伴怎麼辦？

解決　幫助

正確答案請見第 39 頁

情境 **5** 什麼時候開始對妖魔提供援助？

**A** 立刻採取行動　要選哪一邊　先訂定縝密的規劃 **B**

魔男決定要對需要幫忙的妖魔伸出援手。但是到底該在什麼時機點採取行動呢？魔男已經告訴妖魔「我會提供援助」了，而且對方似乎真的很困擾，應該早點行動才對。但是沒有先訂定縝密的計畫，事後要是發現缺東缺西，可能反而給對方添麻煩……立刻採取行動跟事先訂定計畫，哪一邊比較能符合對方的期待？

正確答案請見第 39 頁

**對答案！**

**尋找同伴的行動**

**成功？失敗？** >>> **查看「提高成功率的方法」！**

37

# 尋找同伴

\\ 正確答案是這個！//

# 提高成功率的方法

**為了拉攏更多同伴來完成魔王的工作，你做了哪些行動？這些行動是否能幫助你獲得更多的同伴？**

## 情境1
### 增加同伴的方法

任何人被命令做事情，都會感到不舒服。所以這一題的正確答案是「**B 靠遊說讓大家成為同伴**」。想要增加同伴，最重要的是在剛開始的時候建立良好的信賴關係。

你們一定要聽我的～

胡亂甩動

不然我不起來～！

## 情境2
### 應該表現什麼樣的態度？

如果是已經有交情的好朋友，以帶有激烈感情的說話方式確實比較能傳達心情。但是魔男與那些妖魔們並沒有任何交情，就算投入感情也很難引起對方的共鳴，讓對方理解自己的心情。所以這一題的正確答案是「**B 徹底保持冷靜**」，將自己為什麼需要同伴，以及希望對方配合做什麼事，把所有對方想知道的事情都好好說明清楚。

## 情境3
### 當懇求遭到拒絕

遭到拒絕的時候，會感覺自己不被理解，此時心情一定會很難過。但這種時候的正確反應，應該是「**A 詢問理由，不輕言放棄**」。例如對方回答「我受了傷，沒辦法參與戰鬥」，這時提議「請你協助戰鬥以外的事情」，或許對方可能就會答應。只要知道對方拒絕的理由，就有機會讓對方點頭答應！

## 發現了需要幫助的妖魔

正確答案是「對方答應成為同伴才幫忙」。要說服他人單方面提供協助，並不是一件容易的事。但假如事先提出「我幫忙你，你也幫忙我」的交換條件，讓對方知道這麼做對雙方都有利，或許對方就會答應。相反的，假如事先沒有明說，對方事後答應幫忙的機率並不高。

情境 5
## 什麼時候開始對妖魔提供援助？

通常需要他人幫助的，都是有急迫性的事情。因此正確答案是「Ａ立刻採取行動」。提供援助的時間拖得太晚，可能會讓對方感到相當失望。而且在等待獲得援助的時間裡，什麼都不能做，心情可能因此越來越急躁不安。這麼一來，就算後來得到援助，感謝的心情恐怕也會大減。

## 再次確認！

● 招募同伴必須兼具熱情與冷靜。

● 遭到拒絕的時候，應該詢問理由，並思考因應對策。

● 遇上需要幫助的對象，應該立即採取行動。

# 道具

## 隨身鏡

要讓身邊的人對自己有好感，就必須隨時注意自己的儀容整潔，不能老是頂著凌亂的頭髮、穿著邋遢的服裝。尤其是要面對許多人演講時，服裝儀容可說是非常重要。如果隨身能夠帶著鏡子，就能夠在演講前快速確認自己的服裝儀容，同時練習一下微笑。

## 待解決問題清單

筆記本記錄的內容可能很多，例如與他人的談話內容，或是新掌握的資訊，都會一一寫在筆記本裡，很難快速瀏覽或看完，因此建議將「等待解決的問題」特別列成一張清單。只要將清單帶在身上，就算一時想不到解決對策，也可以隨時向他人求教，或是找時間慢慢研擬對策。

#  訓練

## 養成隨時切換心情的習慣

當希望某人成為同伴，卻遭對方拒絕時，心情一定會很差，內心可能會疑惑「是不是我做得不夠好」。但或許對方只是剛好在忙其他事情，所以沒有辦法答應，自己胡思亂想只是徒增煩惱而已。像這種時候，應該學會告訴自己「這本來就很難成功」、「今天運氣不太好」，說服自己不要太過在意。

## 準備一個能夠讓心情恢復冷靜的小魔法

別人說的話，有時會讓我們心裡很生氣。然而一旦回嘴，雙方一定會吵起來。因此建議準備一個只有自己才知道、能夠讓心情恢復冷靜的小魔法。例如「當快要生氣的時候就握一握拳頭」就是個不錯的主意。只要事先規定自己「一定要先施展小魔法才能繼續說話」，就不用擔心自己會說出什麼傷害對方的話。

# 想請人代替自己打掃的時候

## 👹 確認對方的真正想法是一大重點

當受到他人拜託事情的時候，首先要做的事，就是確認對方的「真正想法」。為什麼呢？理由當然是對方可能會隱瞞真正想法，不願意說出來。不願意說的理由很多，例如對方的真正想法是「因為很怕兔子籠的臭味，所以希望找人代替自己在放學後打掃兔子籠。」但因為怕直接說出真正想法會被認為是「任性」，所以故意找了「因為放學後要上補習班」之類的假理由當作藉口。

雖然人可以隱藏自己的想法，但不管怎麼隱瞞，還是有可能被發現「好像有點怪怪的」。

不過，在沒有說出真正想法時，會讓人感到難以答應請託。有時只要知道了對方的真正想法，雙方就可以好好討論該怎麼做比較好。

例如可以反問對方：「放學我幫你打掃兔子籠，那中午你幫我打掃金魚缸，可以嗎？」像這樣互相溝通，最後就能找到雙方都能接受的做法。

### 不敢說出真正想法的理由

怕他覺得我很愛占人便宜……

不想被他討厭……

關於打掃的事情……

怎麼了？

你想要我幫什麼忙，老實說出來吧。

你要說出實話，我們才能好好討論。

## 找出雙方都能接受的結論

在進行溝通的時候，雙方各自都會有「希望對方這麼做」的想法。站在自己的角度來看，最好的結論當然是「對方照我說的去做，我什麼都不用做」。但是站在對方的角度，當然無法接受這種「只有我吃虧」的結論。天底下幾乎沒有人會願意單方面接納他人的要求。

因此雙方要取得「互相都能獲利」的結論，最好是讓「自己的希望」與「對方真正的希望」的分量相等。

舉例來說，像「互相交換便當裡彼此喜歡吃的菜」這種提議，由於對雙方都有好處，所以互相答應的機率較高。

換句話說，想要讓某個人接納自己的要求，最好的做法就是自己也接納對方的要求，達到「雙贏」的狀態。

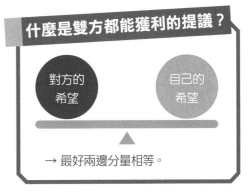

**什麼是雙方都能獲利的提議？**

對方的希望　　自己的希望

→ 最好兩邊分量相等。

同樣的道理，在進行溝通的時候，如果能夠事先預測對方的真正想法，溝通往往會順利得多。反過來說，如果沒有事先預想，或是預測錯誤，就必須花更多時間在尋找「雙方都能獲利的結論」上。所以，在正式開始溝通之前，能先正確預測對方的想法，是非常重要的環節。

**如果得到的答案是「不太想」，一定要詳細追問理由**

有時候向他人提出自己的要求，會得到「不太想」這種答案。說出這種答案的背後理由，其實是「雖然說不出原因，但總覺得有點不安」。像這種時候，只要詳細追問對方的想法，應該就能找到讓對方感到不安的真正原因。

## 下一關預告

# 找出雙方都能認同的結論！

好不容易讓妖魔長老們同意提供協助，魔男終於鬆了口氣。

沒想到就在這個時候，竟然有一大群人類，

從連結魔界與人類世界的洞窟攻打了過來！

而且在那些人類之中，還有一個名叫「勇者」的可怕傢伙。

「人類終於打過來了！」妖魔們一邊大喊，一邊直打哆嗦。

魔男身為魔王，當然必須保護魔界。

但如果可以的話，他實在不想和人類發生爭執……

# 第3關

## 妖魔與人類之間
## 的仲裁者

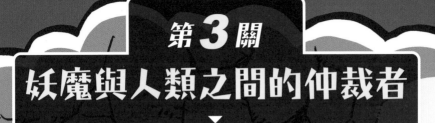

身為魔王，當然要保護妖魔們。問題是人類為什麼
會攻擊妖魔？有沒有什麼辦法能夠靠溝通來避免戰
爭呢？總而言之……先確認狀況再說吧！

第3關
妖魔與人類
之間的仲裁者

嗯～

選擇
A還是B？

你會
怎麼做？

## 能夠提高成功機率的小建議！

**永遠站在妖魔們的前方！**
老是躲在後面下達指令，無法獲得妖魔們的信賴。必須讓妖魔們看見自己
身先士卒的模樣，才能成為妖魔們願意提供協助的領導者。

**詢問對方的要求！**
如果能夠靠溝通解決問題，避免戰爭發生，是再好不過了。總之先確認對
方的要求到底是什麼吧。

**訂定雙方的協議！**
兩個族群發生爭吵是很常見的事情，重要的是雙方必須訂定規則或協議，
避免再次發生同樣的狀況。

要怎麼樣才能
避免爭吵呢？

# 突然接到人類大舉入侵魔界的消息

**A** 趕快蒐集武器

要選哪一邊

趕快派人探聽前線狀況 **B**

聽說有一群人類冒險者侵入了魔界。人類與妖魔似乎從古至今發生過無數次紛爭……是不是應該趕快蒐集武器，才能與敵人交戰？還是應該先打探敵情？身為領導者，應該下達什麼樣的命令？

正確答案請見第 52 頁

# 人類的手上都拿著武器

**A** 先「打」再說

要選哪一邊

冷靜下來好好「溝通」 **B**

要率領妖魔與人類交戰？這真是最糟糕的狀況。不過，妖魔看起來比較強，真的打起來應該不會輸？可是搞不好只是一場誤會，如果雙方好好溝通或許能夠和平解決問題。到底該選擇什麼樣的做法，才對雙方都有好處？

正確答案請見第 52 頁

# 人類要求「交出全部的特產」

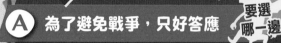

Ⓐ 為了避免戰爭，只好答應　要選哪一邊　先問問為什麼需要魔界的特產品 Ⓑ

人類入侵的目的，似乎是為了取得魔界的特產。在人類的世界裡，魔界特產是非常珍貴的東西。只要答應這個條件，人類應該就會撤退，但交出全部特產，恐怕會影響一部分妖魔的生活。為什麼人類會突然提出這種要求，實在讓人想不透……

正確答案請見第 52 頁

---

情境 **4**

# 締結什麼樣的協議？

Ⓐ 與人類世界的特產交換　要選哪一邊　以人類不准再靠近魔界為交換條件 Ⓑ

原來人類想要魔界特產，是為了製作藥劑。但如果毫無條件提供，對魔界並不公平。假如能夠交換一些在魔界有價值的東西，相信妖魔們也會感到開心。或者也可以選擇要求人類不准再靠近魔界，避免未來再次發生糾紛。應該選擇哪一種做法呢？

正確答案請見第 53 頁

# 情境 5　協議的有效期限該設定多長？

A　長一點　　　要選哪一邊　　　短一點　B

協議的有效期限，應該長一點，還是短一點？期限長的話，相同的條件會維持很長一段時間，對雙方來說都會比較好理解。但是期限短一點比較能常常視情況調整，每次更新條約都能適度修改內容，似乎較不容易發生紛爭……應該選擇哪一邊呢？

正確答案請見第 53 頁

## 對答案！

### 與人類進行談判

**成功？失敗？** >>> 查看「提高成功率的方法」！

\\ 正確答案是這個！ //
# 提高成功率的方法

**為了與人類進行談判，你做了哪些選擇？這些選擇是否正確？你的選擇是否迴避了與人類的戰爭，同時守護了魔界？**

## 情境 1
### 突然接到人類大舉入侵魔界的消息

身為領導者的最重要職責，是對所有人下達正確的指令。在發生緊急事態時，首先應該做出「什麼才是當務之急」的判斷。一旦下達錯誤的指令，就會讓所有的行動都變成白費力氣。因此正確答案是「 **B** 總之趕快派人探聽前線狀況」。

勇者的隊伍
都是3～4人

## 情境 2
### 人類的手上都拿著武器

正確答案是「 **B** 冷靜下來好好『溝通』」。沒有人會毫無理由的發動攻擊，通常是因為心中抱持著不滿或有所求，才會試圖以武力來解決。因此首先應該要問清楚對方的不滿或要求是什麼。有時候透過自我省思，也有可能發現造成對方不滿的原因。

## 情境 3
### 人類要求「交出全部的特產」

輕易答應對方的要求，有可能會讓對方誤以為己方「不論任何要求都會同意」。為了避免未來再發生相同的事，還是應該好好溝通才行。所以正確答案是「 **B** 先問問為什麼需要魔界的特產」。只要知道人類想要魔界特產的原因，雙方就能共同討論出對雙方都有利的做法。

## 締結什麼樣的協議？

就算雙方締結了「人類不准再靠近魔界」的協議，人類也不見得會乖乖遵守。因此正確答案是「Ⓐ 與人類世界的特產交換」。因為這樣的條件對人類來說並不壞，只要能夠建立起互惠的關係，人類就沒有理由再攻打魔界。妖魔能夠取得夢寐以求的人類特產，應該也會很開心。

## 協議的有效期限該設定多長？

協議中規定的事情，雙方都不能更改。如果有效期限設得太長，在出現需求改變的情況時，雙方可能因此覺得先前的條件不再有利，不滿因而逐漸累積，導致糾紛再度爆發。因此正確答案是「Ⓑ 短一點」，先以較短的期限試著運作，如果狀況沒有改變則可以直接延長協議。而如果狀況已經改變，也可以視情況重新進行交涉。

## 再次確認！

● 所有的問題都應該立刻與同伴合力解決。
● 尋找對雙方都有利的方法。
● 首先針對當前的狀況達成協議。

第3關 過關！

# 🗃 道具

ITEM

## 🗃 有行事曆的記事本

有行事曆的記事本，可用來記錄重要事件與活動。例如可能會忘記一個星期之後的預定計畫，這時就可以先記錄下來。此外像是向朋友取回借出的東西，或是預定要出門的日子等等，都可以事先做個紀錄。只要養成每天翻看行事曆記事本的習慣，就不會再發生忘記重要考試或與朋友的約定之類的情況。

## 🗃 國語辭典

隨身帶著國語辭典，在看書或與他人交談後，只要遇上不懂的字詞，馬上就可以拿出來查詢意思。袖珍版的國語辭典能夠放進提包或背包裡，不管在哪裡都能隨時拿出來。或是可以使用電腦、手機或平板查詢線上字典或辭典。（不過要保持電器用品電力在魔界並不容易。）

#  訓練

##  體力也是不能缺少的能力！

要完成身為領導者的各種使命，往往必須東奔西跑，所以體力也很重要。建議每天慢跑，增強自己的基礎體能！如果覺得每天慢跑很難達成，可以先嘗試規定自己在「星期幾」去跑步或「跑多久」。只要養成習慣之後，漸漸就會養成運動習慣了。

##  在氣勢上不能輸人！

每當遇上咄咄逼人的對象時，大多數的人都會忍不住想要讓步或退卻。像這種時候，應該要保持冷靜，等對方說完後，可以整理對方的說詞，詢問對方：「你的要求是○○，是嗎？」只要自己冷靜應對，對方也會漸漸變得理性，這麼一來雙方就可以好好溝通了。

# 如何化解「禁止打電動」危機

## 😈 先預測對方可以接納的己方要求

在交涉的時候，最好的情況當然是對方百分之百接納自己的要求。然而一旦碰觸到對方的底線，對方絕對不可能退讓。因此在交涉之前，有一件事非常重要，那就是事先準備一些「對方或許勉強能夠接受」的提議。

尤其是當希望對方接受的條件有些強人所難時，更是必須仔細推敲出對方心中「YES」跟「NO」的界線，才能設定出最恰當的提議。舉例來說，假設媽媽認為你「每天都在打電動」，因此規定你「以後不准再打電動」。這時

如果你提議「以後我會減少打電動的時間」，或許最後她會接受。在這個例子裡，最重要的關鍵就在於「要提議多久的時間，媽媽才會接受」。假設你每天打電動時間是2小時，而你提議縮短10分鐘，相信媽媽絕對不會同意。但如果你的提議將時間縮短為一半，也就是1小時，或許媽媽會覺得勉強能夠接受，兩者的結果可說是截然不同。媽媽不希望你打電動，是因為擔心打電動影響課業，所以你必須在這樣的認知下，提出媽媽或許能夠接納的提議。

### 站在對方的立場能夠解決問題的提議

只會打電動，都不寫作業！

得禁止他打電動，他才會乖乖讀書！

以後禁止你打電動！

不要啦！

我會減少1小時打電動的時間來寫作業，拜託不要完全禁止！

交涉的成敗，取決於事前是否充分準備。想要討論出具體的結論，首先必須搞清楚對方絕對不肯退讓的底線，以及自己願意做什麼事來當作交換條件。

## 寫在紙上能夠讓界線更加清楚

在進行交涉的時候，對方心裡一定會有「YES」跟「NO」的界線。只要能夠事先預測出這條界線，交涉的過程就會非常順利。但有一點必須注意，那就是條件要雙方都覺得合理滿意，不要過分低於期望值。因為一旦覺得自己太吃虧，就算最後交涉成功了，事後反而會想要抱怨，所以在實際進行交涉之前，建議先好好想清楚「自己的要求與對方的要求差不多一致」的界線在哪裡。同樣舉前面那個禁止打電動的例子，媽媽的真正要求其實不是「禁止打電動」，而是「增加投入課業的時間」。因為你花太多時間在打電動上，媽媽才會想要禁止你打電動。如果你希望讓媽媽接受「隨便打多久的電動都可

**預測對方的反應**

A：減少10分鐘

B：減少1小時

C：答應以後先寫完作業再打電動

A應該是不可能，只能從B、C之中選擇了。

以」這個要求，你就必須同時提出讓她感到可以接受的「交換條件」。

提議內容可以從各種不同的方向思考，縮短打電動時間只是其中之一。只要事先想像對方的反應，應該就能預測什麼樣的「交換條件」能夠讓對方接受。以打電動這個例子來說，或許「答應以後先寫完作業再打電動」才是最能讓媽媽接受的交換條件。

**把想法寫在紙上，有助於釐清思緒**

如果想要把腦袋裡亂成一團的想法好好整理一番，「寫下來」是一個相當方便好用的方法。只要將「理由」、「對象」及「目標」全都寫下來，就能靜下心來好好思考該以什麼樣的順序進行說明。

# 下一關預告

## 召開魔界會議！

與人類的交涉進行得很順利，但是前任魔王所使用的魔杖卻告訴魔男，

這次的事件讓許多妖魔都感到很不安。

而且住在魔界的妖魔大多過著自由自在的生活，

因此「團結力」恐怕是個很大的問題。

但全部的妖魔一定要團結在一起，才能夠守護魔界的和平！

於是魔男決定召開一場魔界會議，

首先必須決定要邀請哪些妖魔參加，以及要討論什麼議題。

第4關

召開一場魔界
會議吧！

第4關
召開一場魔界會議吧！

召開魔界會議的日子即將到來。為了讓會議能夠順利進行，得先決定會議上要討論的主題才行。想要以新魔王的身分統治整個魔界，必須完成的工作真是堆積如山啊。

# 第4關
## 召開一場魔界會議吧!

你會怎麼做?

選擇 A 還是 B?

## 能夠提高成功機率的小建議!

### 思考如何讓妖魔們擁有幸福的未來

魔王的職責,是為妖魔們打造幸福的魔界人生。所以必須好好思考妖魔們會在什麼時候感到幸福,以及如何實現。

### 邀集更多的同伴

要彙整魔界內部的意見,必須聆聽更多妖魔的心聲。因此魔王應該邀請更多的同伴來共襄盛舉,避免在妖魔之中出現不滿的聲音。

### 會議的氣氛應該樂觀而積極

在會議上若是出現反對聲浪或是負面消息,恐怕會影響全體妖魔們的士氣。因此不論發生任何事態,都應該抱持正面的應對態度,讓整場會議維持開朗氣氛。

魔界的未來發展

魔界應該朝什麼方向前進呢?

## 情境 1 該為魔界設計什麼口號？

要選哪一邊

**A** 「打倒萬惡人類！」

**B** 「讓魔界更加豐饒富裕！」

決定口號！

利用口號來讓妖魔們知道，新的魔王想讓魔界朝著什麼樣的方向發展！較弱小的妖魔都很害怕人類的侵略，而力量強大的妖魔則抱著打倒人類的企圖心。什麼樣的口號才能凝聚所有妖魔的向心力呢？

正確答案請見第 66 頁

## 情境 2 如何挑選魔界會議的參加者？

要選哪一邊

**A** 以妖魔長老為主

**B** 總之邀集越多妖魔越好

魔界會議是一場決定魔界重大決策的會議，問題是應該如何挑選參加者呢？是否應該為了公平聆聽所有妖魔的意見，盡量讓多一點妖魔參加會議？但是人多嘴雜，參加者的人數太多的話，可能會讓會議難以討論出結果，是否應該只邀請妖魔長老參加？

正確答案請見第 66 頁

63

# 應該先制定什麼規則？

要選哪一邊

**A** 魔界的強度階級

**B** 魔界的工作分配表

應該為魔界制定什麼樣的規則？是力量大小階級表，讓妖魔們知道制定應該服從誰的命令？還是應該制定工作分配表，好讓妖魔們知道各自應該要做什麼工作？

正確答案請見第 66 頁

# 應該向出席者詢問什麼問題？

要選哪一邊

**A** 最想做的工作

**B** 最不想做的工作

在會議上，應該向妖魔們討論什麼問題？是他們最想做的工作，還是最不想做的工作？如果人人都做最想做的工作，當然會很有幹勁，但總不能讓所有妖魔都做一樣的工作。然而如果指派某個妖魔做他最不想做的工作，他又會喪失幹勁……該怎麼進行討論呢？

正確答案請見第 67 頁

魔男不知道什麼樣的做法在魔界比較有效，也不知道當拿不定主意時該以什麼資訊為依據。聽說從前魔界有好幾次被占卜師的預言所拯救的紀錄，但如果是在人類的世界，應該是專家蒐集的資料比較值得信賴。「占卜師的預言」與「專家蒐集的資料」，到底哪一邊對魔界的未來更有幫助呢？

正確答案請見第 67 頁

## 對答案！

### 魔界會議

**成功？失敗？** >>> 查看「提高成功率的方法」！

# 召開一場魔界會議吧!

\ 正確答案是這個! /

# 提高成功率的方法

為了打造一個讓妖魔們都能安居樂業的魔界,你召開了一場整合妖魔們的魔界會議。不過,你是否採取了正確的行動?

---

### 情境 1
### 該為魔界設計什麼口號?

害怕人類侵略的弱小妖魔,不會希望與人類發生戰爭。就算是強大的妖魔,與其因為戰爭而受傷,應該還是選擇豐衣足食的生活會幸福得多。所以正確答案是「**B** 讓魔界更加豐饒富裕!」。

讓魔界更加豐饒富裕!

---

### 情境 2
### 如何挑選魔界會議的參加者?

雖然會議的參加人數太少會給人「擅自決定」的感覺,但如果參加人數太多,就不容易整合意見。因此一場討論重要決策的會議,參加的人數最好還是不要太多,所以這一題的答案是「**A** 以妖魔長老為主」。在學校裡,全校性的學生會議是由彙整了班上意見的各班代表出席參加,因此魔界會議也一樣。

---

### 情境 3
### 應該先制定什麼規則?

身為魔王的職責,是實現口號中所說的「讓魔界更加豐饒富裕」,打造一個讓所有妖魔都能快樂生活的魔界。因此最重要的規則並不是區分出誰強誰弱,而是決定出各自應該要做什麼事。所以正確答案是「**B** 魔界的工作分配表」。分配工作給所有妖魔,讓大家都沒有怨言,是魔王身為領導者的重要責任之一。

## 應該向出席者詢問什麼問題？

正確答案是「Ⓐ 最想做的工作」。首先讓大家說出自己最想做的工作，然後透過溝通來分配工作內容。要讓所有人都做自己想做的工作，確實不太可能，但如果一直討論大家不想做的工作，會議的氣氛會變得越來越糟糕唷！

## 應該相信哪一邊？

魔界占卜師的預言並沒有任何根據，但是專家蒐集的資料能找到合理的根據及佐證。相較之下，專家的資料比較值得信賴，所以正確答案是「Ⓑ 專家蒐集的資料」。在決定一件事情的時候，建議可以先蒐集過去發生的案例及事件原因，與現在的狀況進行比較。假如找到類似的案例，就能夠用來推測未來的可能結果。

## 再次確認！

● 想想看，如何才能讓魔界變得更加豐饒富裕。

● 讓參加會議的成員多提出一些正面積極的意見。

● 根據最新資料找出未來的正確方向。

#  道具

##  圖畫紙

好不容易決定了口號及工作分配，如果不小心忘記的話，那就變成白費力氣了。為了避免忘記，也能方便大家隨時確認，應該把結論寫在像是圖畫紙的大紙張上，並張貼在顯眼的地方。只要讓大家隨時都能看得見，實行的效力就能夠長久維持。

##  便條紙

便條紙除了能夠寫上留言貼在冰箱上，以及用來在辭典裡為看不懂的字詞做記號之外，在進行討論時也適合用來整合意見。例如在開班會或討論班級事務的時候，可以將大家的意見寫在便條紙上，並一一張貼出來。除了可以清楚呈現所有意見，讓整合意見變得更加簡單。

#  訓練

## 清楚每個人在會議上的職責

開班會的時候，會有主席、司儀、紀錄及發表者等，這些人在會議中的職責都不相同。記住自己的負責事項當然很重要，如果可以的話，最好把其他人的負責事項也記在心裡。唯有了解所有人的工作內容，才能清楚掌握整個工作的全貌。當掌握了工作的全貌，如果有哪個環節出了問題，或是需要幫助，就能夠立刻察覺、協助。

## 隨時提醒自己說話要落落大方

有時我們會遇上發言者的聲音聽不清楚的情況，通常是因為發言者缺乏自信，說話聲音太小，或是因為發表者在低頭讀稿子，沒有把話好好「說清楚」。一旦聲音太小，馬上就會被臺下的人發現講者沒自信，所以應該提醒自己從頭到尾都要大聲說話。另外，準備稿子的目的是為了避免突然忘記重要的主題提醒用，而不是為了用來逐字照念。

# 持續爭執只會造成損失

## 每個人都認為自己的意見最正確

在進行交涉的過程中，因為想法不同而出現意見分歧是很常見的事，畢竟每個人都會認為自己的意見才是最正確的。就像一個喜歡上體育課的人，沒有辦法想像有人會不喜歡上體育課。

當兩個互相無法理解的人在進行交涉時，必須特別注意的重點，就是不應該在交涉時抱持「先入為主」的想法。所謂的「先入為主」，指的是在不夠清楚的情況下，擅自認定「一定是這樣沒錯」。一來對方的想法不見得和自己相同，二來任何人在遭人認定「你就是這樣」的時候都會感到氣憤，想要全力否定。在這樣的氣氛下，雙方很容易發生爭吵。舉例來說，當兩個人在交涉「要不要交換打掃區域」的時候，如果其中一方認為「你負責的那邊一定比較髒，打掃起來比較累」，因此認定對方「居心不良」，雙方一定會發生爭吵，這麼一來當然交涉也就不可能成功。為避免發生這樣的狀況，「先讓對方把話說完」是一個相當重要的原則。

**不要抱持「先入為主」的想法**

你只是想占便宜而已！

我可不會只讓你占便宜！

竟然還凶我，真是太過分了！

我希望的條件是……

明明是個好提議，為什麼你不聽我說完？

在進行交涉的時候，我們往往會抱持先入為主的想法，認為「一定是這樣」。然而爭執就是由此產生，所以我們應該好好聽對方解釋，不要一開始就抱持刻板印象。

## 個人的「刻板印象」會讓意見磨合變得困難

有些人明明沒有足夠的知識，卻喜歡靠著模糊的記憶或刻板印象來發言。在進行交涉的時候，這會造成意見磨合變得非常困難。不只是說話的一方要留意這個問題，聆聽的一方也要特別注意。舉例來說，假設有人說：「大多數的日本人在早上都吃米飯。」那麼，聆聽者一定要進一步詢問對方這麼說的根據。或許對方說出這句話，完全只是根據「他家」的情況做出判斷。若聆聽者此時只是回應「原來如此」就結束話題，事後才發現其實不是這樣，就還得重新交涉一次，平白浪費時間。

建議的做法是假如對方說不出根據，那就只要回答「這確實有道理，不過我們聽聽別人的意見」就行了。不要

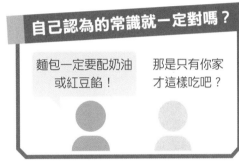

**自己認為的常識就一定對嗎？**

麵包一定要配奶油或紅豆餡！

那是只有你家才這樣吃吧？

採納說不出根據的意見，而是要另外花時間蒐集說得出根據的意見，再來進行交涉。當然在表達自己意見之前，也應該多閱讀書本，多看看新聞，做好萬全的準備，以免同樣被對方以「沒有明確的根據」為理由不加採納。

但是在求證的時候，如果看的是網路上的留言，一定要特別謹慎小心。因為就算是在社群軟體或網站上很多人說的話，也有可能是假的。

**想要說服他人的時候，一定要準備好可信度高的資訊**

例如在討論校園發表會要表演什麼的班會上，如果能夠事先得知討論的內容，建議做好充分的準備，增加獲得同學們贊成的機率。只要能夠事先準備好「從報紙或圖書館的書之類可靠來源獲得的資訊」，就比較能夠獲得同學們贊成。

# 對抗最強勇者！

魔界會議平安落幕了！魔界變得更加團結了！

正當魔男感到欣慰的時候，

竟然接到人類世界的「最強勇者」正在接近魔界的消息！

許多妖魔都已經被最強勇者的隊伍打倒了！

這樣下去，魔界恐怕會完蛋……

無論如何一定要重整魔王軍，

打敗最強勇者才行！

# 第5關
## 對抗傳說中的勇者

# 第 5 關
# 對抗傳說中的勇者

突然登場的勇者隊伍，對魔界發動了奇襲！魔男身為魔王，總不能束手就擒！想辦法利用魔界的地形及特色，擊退勇者和他的夥伴吧！

對抗傳說中
的勇者

你會
怎麼做？

選擇
A還是B？

## 能夠提高成功機率的小建議！

### 以所有妖魔們的安全為重！

在遇上危機的時候，首先應該思考的是確保己方安全的方法。到底應該怎麼做，才能夠化解危機呢？領導者必須冷靜下來，才能做出正確的判斷。

### 預測敵人的行動！

勇者隊伍可說是最危險的敵人，有沒有辦法預測他們接下來的行動呢？只要事先設想好各種可能性，就不會因為不知所措而手忙腳亂。

### 就算居於劣勢也不要驚慌

不管是事先想好的戰術行不通，還是遇上其他緊急事態，「臨危不亂」都是重要的原則。可以多詢問周遭同伴們的意見，設法度過難關。

該怎麼做才能打敗勇者，我們一起思考吧！

## 情境 1　該讓妖魔們躲在哪裡呢？

**A**　洞窟

要選哪一邊

**B**　老舊碉堡

如果要指揮妖魔們躲避勇者隊伍的攻擊，應該讓妖魔們躲在哪裡呢？洞窟裡黑漆漆一片，什麼也看不到，或許敵人會放棄尋找……但選擇老舊碉堡，似乎比較能確認敵人的動向……

正確答案請見第 80 頁

## 情境 2　用魔力讓敵人睡著！

**A**　負責攻擊的魔法師

要選哪一邊

**B**　負責回復體力的僧侶

雖然妖魔們因為遭受奇襲而亂了陣腳，但接下來他們要發動反擊了！似乎能夠用魔力讓敵人睡著，但對象只能選擇一人……該選擇勇者隊伍中負責攻擊的魔法師，還是負責回復體力的僧侶呢？

正確答案請見第 80 頁

## 情境 3　應該把敵人引誘到哪裡？

**A** 毒沼　　　要選哪一邊　　　岩漿區 **B**

勇者隊伍的其中一名成員睡著了！勇者決定採取速戰速決的策略 ── 朝著魔王城發動猛攻！看來他也心急了吧。這時有個機會，能將勇者隊伍引誘到陷阱區域裡！應該選擇只有人類會麻痺的毒沼，還是連勇者也會瞬間完蛋的岩漿區？

正確答案請見第 80 頁

## 情境 4　如何在森林裡干擾勇者隊伍的行動？

**A** 派出強壯的大型妖魔　要選哪一邊　派出動作靈活的小型妖魔 **B**

勇者隊伍穿過了陷阱區域，來到了森林之中。為了讓弱小的妖魔們有時間逃走，得想辦法干擾勇者隊伍的行動才行！應該派出比樹木更高大的強壯妖魔阻擋他們嗎？還是應該派出動作靈活的小型妖魔，在沿路上不斷發動偷襲？

正確答案請見第 81 頁

# 勇者已經來到了魔王城附近！

要選
哪一邊

**A** 固守城池

**B** 出城迎擊

妖魔這一方雖然使用了各種戰術，勇者隊伍最後還是成功穿過森林，來到了魔王城附近。當初沒有妖魔預料到勇者竟然能攻打到這裡來……是不是應該趁勇者隊伍還沒抵達城門外，趕緊派出大量妖魔迎擊？還是應該躲在魔王城裡，大家同心協力守住城池？

正確答案請見第81頁

## 對答案！

### 對抗傳說中的勇者

## 成功？失敗？ >>> 查看「提高成功率的方法」！

# 第5關

## 對抗傳說中的勇者

\\ 正確答案是這個！//

# 提高成功率的方法

可怕的勇者隊伍忽然出現在和平的魔界！你是否能夠保持冷靜，與妖魔們同心協力對抗強敵？

## 情境 1
### 該讓妖魔們躲在哪裡呢？

正確答案是「 **B 老舊碉堡** 」。要是躲進洞窟裡，一旦勇者隊伍攻打進來，恐怕會無處可逃。相較之下，碉堡本來就是為了戰爭而建造的建築物，不管是防守還是逃走都會比較容易，何況還是妖魔們比較熟悉的碉堡，相信能夠讓戰況變得較為有利。

## 情境 2
### 用魔力讓敵人睡著！

只要敵人隊伍有負責回復體力的僧侶在場，不管再怎麼攻擊都沒有意義，因此正確答案是「 **B 負責回復體力的僧侶** 」。勇者隊伍要一邊保護睡著的同伴，一邊與妖魔軍隊交戰，馬上就會陷入劣勢。而且又沒有僧侶能為他們回復體力，或許最後他們會打退堂鼓。

## 情境 3
### 應該把敵人引誘到哪裡？

正確答案是「 **A 毒沼** 」。岩漿區的岩漿威力十足，就算是勇者本人碰到也會瞬間完蛋，聽起來很棒，但妖魔在這裡也同樣危險。因為妖魔也可能掉進岩漿裡，而且勇者在這裡會特別謹慎小心，所以岩漿區是雙方都應該避免的危險地帶。相較之下，毒沼的毒素只會對人類發揮作用，而且勇者隊伍正處於沒有辦法回復體力的狀態，毒沼一定能對他們的戰力造成相當大的打擊。

## 如何在森林裡干擾勇者隊伍的行動？

正確答案是「**B** 派出動作靈活的小型妖魔」。若移動中的勇者隊伍被小型妖魔的游擊戰術搞得暈頭轉向，前進的速度就會大幅降低，可以讓弱小的妖魔們有時間逃進魔王城內。大型妖魔在森林裡會因為樹木干擾而無法發揮全力，與勇者隊伍交戰時容易趨於劣勢。

情境5

## 勇者已經來到了魔王城附近！

派出魔王城的守衛妖魔迎戰勇者隊伍，很可能會遭到擊敗。不如讓所有的妖魔同心協力防守魔王城，當初逃入魔王城的妖魔們也能為守護魔王城盡一份心力。所以正確答案是「**A** 固守城池」。魔王城裡儲存了許多食物及武器之類的補給物資，這點也比勇者隊伍有利得多。

**再次確認！**

- 待在熟悉的環境裡，比較能夠發揮實力。
- 隨時都要思考「接下來事態會如何演變」。
- 把工作交給在那個環境下最能發揮實力的人才。

# 📦道具

ITEM

## 📦 急救說明手冊

建議平常隨身攜帶急救說明手冊，以備不時之需。當自己或同伴身體不舒服或受傷時，可以從手冊中查到該如何進行急救。尤其是當周圍沒有大人在，或是要花很久的時間才能到醫院時，初步處理傷口與急救可以幫助病患或傷者撐過一段時間。

## 📦 攜帶型投影機

投影機能夠將影片或照片投影在牆壁上，可說是非常方便。平常可以和朋友一起回顧從前拍的影片，開會的時候也可以讓與會人員看見自己準備的照片，或是自己彙整的資料。攜帶型投影機的體積相當小，不管要帶到哪裡都沒問題。

#  訓練

## 鍛鍊邏輯分析能力

想要預測事態的發展，或是想要在緊要關頭想出好點子，平常就應該對大腦多多進行訓練。不管是益智玩具還是棋類遊戲，都能夠訓練預測能力，也能增強記憶力，並有助於增加緊急狀態下的靈感誘發能力。

## 繪製地圖

當你要前往陌生的地方時，如果手邊有地圖，就不用擔心會迷路。平常多多練習繪製從所在位置前往目的地的地圖，能夠獲得迅速判斷出「哪一條路可能通往哪裡」及「前往目的地的最短路線」的研判能力。

# 讓他人願意接受請求的小技巧

## 交涉之前應該要釐清的不是目的，而是目標

每個參與交涉的人，內心都會抱持一個大方向的目的，那就是「希望對方接受自己的要求」。但如果是一場參與者眾多的交涉，通常不會有任何一方提出的要求受到全盤採納。因為參與的人越多，不同的想法就越多，任何一方的要求都有可能聽到更多反對的聲音。

假如我們想要讓所有對象都接受己方的要求，通常必須做出某種程度的讓步。也因為這個緣故，在實際進行交涉之前，我們必須要釐清除了雙方的「目的」之外，還有「希望要求內容獲得多少程度的採納」，也是雙方交涉的「目標」。

舉例來說，在學校舉辦的露營活動中，假設有兩個小時的自由時間，同學們可以自由討論要一起做什麼。這時一定會有同學想要在這段時間玩水或進行其他體能活動，也會有同學想做的是釣魚或在森林裡散步之類相對靜態的活動。像這樣的情況，可以在交涉前先決定好自己的底線，例如「至少要有1個半小時是體能活動時間」，並且以此作為交涉的「目標」。

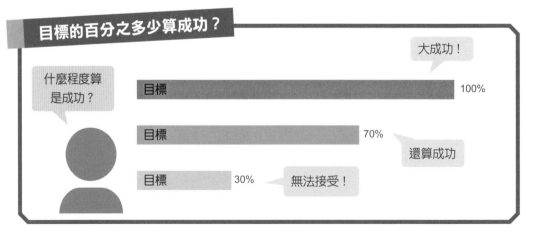

目標的百分之多少算成功？

什麼程度算是成功？

大成功！
目標　　　　　　　　　　　100%

目標　　　　　　70%
還算成功

目標　30%　無法接受！

當我們與他人進行交涉的時候，雙方必定都抱持著希望對方接受某件事的想法。因此我們首先必須清楚確認雙方到底希望對方做到什麼樣的程度，也就是明確釐清雙方的「目標」。

## 問出對方的目標，思考折衷方案

在進行交涉的時候，剛開始提出的內容當然是自己的要求或希望對方做的所有事情。但是不能一開始就認定對方百分之百會接納，重要的是還要知道對方的目標。

以前面的自由活動時間為例，假設前提是一定要有一段時間是所有人一起行動，而兩邊的目標都是「至少要有1個半小時是做自己喜歡的活動」，這種情況就要討論「剩下的30分鐘要做什麼」。

假設有人提議「體能活動與靜態活動各1個小時」，另一人提議「剛開始大家一起進行體能活動，30分鐘後就分開來各玩各的」。第一個提議乍看之下最公平，但其實雙方的目標都沒有

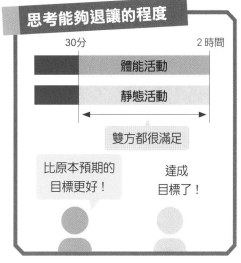

思考能夠退讓的程度

達到。第二個提議則是雖然不算非常公平，但喜歡體能活動的同學能玩2小時，喜歡靜態活動的同學也能玩1個半小時，雙方都達到了目標。

交涉的時候，就是要尋找像這樣能夠達到雙方目標的方案。

**重要的不是「公平」，而是「讓所有人都能接受」**
以「幫忙搬東西」為例，假如規定「每個人搬2個」，乍看之下很公平，但其實國小一年級與國小六年級的體格差異非常大。這時如果改成「以體格來決定搬的數量，雖然好像沒那麼公平，但是大家都能夠接受，這就是交涉時應該追求的目標。

# 復興魔界！

勇者隊伍雖然撤退了，但臨走前卻恐嚇道：

「半年之後，我們會回來報仇！」

「勇者是個完全不肯接受談判的人，想必他一定會說到做到吧。」魔男想。

為了對抗勇者，魔界的妖魔們勢必還得再團結一次才行。

過去所有的決策都是由少數妖魔決定，但以後這樣的做法可能必須改變。

如果能盡可能讓所有的妖魔都擁有相同的目的，

魔界應該能夠發揮更強大的實力！

# 第6關

# 復興魔界！

勇者的入侵，讓魔界變得一團亂。要重振魔界的士氣，所有的妖魔有必要齊聚一堂，共同研擬對策。按照過去的做法，沒有辦法確保魔界的安全。為了提防勇者再度來襲，全體妖魔必須更加團結一心！

復興魔界！

你會
怎麼做？

選擇
A還是B？

## 能夠提高成功機率的小建議！

### 抱持不同意見的妖魔必須攜手合作

唯有團結所有妖魔的力量，才能夠化解危機。就算是抱持不同意見的妖魔，也必須透過交涉，來建立相同的目的。

### 交涉必須做到公平！

交涉的重點，是不能讓結論只對任何一方特別有利，否則很難讓所有妖魔接受。既然沒有辦法接受，當然也就不會願意乖乖遵守約定。

### 事先預測對方的目的

在進行交涉之前，應該先推敲對方的想法，以及預測對方會提出的要求。只要能夠事先準備好答案，交涉過程就不會手足無措。

希望能討論出
好方案！

## 情境 1　該不該和人類交戰，妖魔們各持己見

**要選哪一邊**

**A** 讓不同意見的妖魔盡情互相爭辯

**B** 在共同目標的前提下好好溝通

有些妖魔認為應該和人類好好相處，有些卻認為應該和人類全面開戰，意見不合的他們大吵了起來。雖然想勸他們別再爭吵，但是在這種場合下，是不是應該讓他們暢所欲言，不要阻止他們？還是應該想辦法先讓他們建立「復興魔界」這個共通的目標？身為領導者，該如何居中協調？

正確答案請見第 94 頁

## 情境 2　應該邀請哪些妖魔？

**要選哪一邊**

**A** 應該會乖乖聽話的自己人

**B** 各派妖魔的代表性人物

這場整合分歧意見的會議，應該邀請哪些妖魔來參加？反對某一方意見的妖魔要是太多，恐怕沒有辦法順利討論。雖然贊成自己意見的妖魔越多越好，但似乎也得聽聽反對者的聲音，免得他們的不滿情緒不斷累積……到底該怎麼做才對呢？

正確答案請見第 94 頁

# 情境 3　與人類談判，該選誰當見證人？

要選哪一邊

| A 妖精女王 | 妖魔長老 B |

妖魔大會的討論結果，決定與人類進行談判。在談判的時候，必須要有見證人才行。這個重責大任應該交給不偏袒魔界或人類世界任何一方的妖精女王，還是在魔界德高望重而且無所不知的妖魔長老呢？

正確答案請見第 94 頁

# 情境 4　如何做出最後的決定？

A 討論到讓所有人都滿意為止　　要選哪一邊　　必須在規定的時間內討論完畢 B

復興魔界的會議，要以什麼樣的方式作出最終的結論？是要討論到所有人都贊成的結論為止嗎？如果不設定一個截止時間，恐怕會議將永遠無法結束。到底該怎麼做才對呢？

只能討論到10點！

正確答案請見第 95 頁

## 情境 5　事前的準備工作

A　邀集強壯的妖魔　要選哪一邊　探聽人類將提出的要求　B

人類的要求

馬上就要與勇者談判了！得趕快進行最後的準備工作才行。現在最迫切需求是什麼呢？是能夠震懾對手的魔界最強妖魔嗎？還是為了預測談判時有可能發生的狀況，事先探聽人類有可能會提出的要求？想要讓談判會議順利成功，到底應該選擇哪一邊呢？

正確答案請見第 95 頁

## 對答案！

### 復興魔界的行動

## 成功？失敗？ >>> 查看「提高成功率的方法」！

93

# 復興魔界！

\\ 正確答案是這個！//

# 提高成功率的方法

以復興魔界為目標的你，是否能在與勇者談判之前整合整個魔界，讓妖魔們團結一致？

## 情境 1
### 該不該和人類交戰，妖魔們各持己見

由於最終目標是「復興魔界」，爭辯「該不該和人類交戰」與目標無關。因此正確答案是「**B 在共同目標的前提下好好溝通**」。換句話說，必須讓妖魔們先冷靜思考「我提出這樣的意見是基於什麼目標」。

## 情境 2
### 應該邀請哪些妖魔？

只讓應該會贊成己方意見的妖魔參加，是不公平的做法，因此正確答案是「**B 各派妖魔的代表性人物**」。為了避免有妖魔心生不滿，應該盡量聽取各方的意見，不分贊成或反對。既然認為自己的意見是對的，更應該向反對的妖魔們好好說明理由，獲得他們的認同。

## 情境 3
### 與人類談判，該選誰當見證人？

正確答案是「**A 妖精女王**」。因為妖精女王不偏袒任何一方，由她當見證人，雙方才能在公平的狀態下互相提出要求及意見。如果讓妖魔長老當見證人，人類可能會懷疑「見證人偏袒妖魔方」，這麼一來，不管談判的結果是什麼，人類都很有可能會抱持不滿。

## 如何做出最後的決定？

要討論出人人滿意的結論，並不是一件容易的事。如果以所有人都贊成為目標，只要抱持反對意見的人持續反對，會議就會沒完沒了。因此正確答案是「 B 必須在規定的時間內討論完畢」。但反過來說，正因為有時間限制，所以在時間內必須盡可能找出大家都能接受的方案。這麼做的原因並不是要「強迫決定贊成還是反對」，而是要「找出能夠達成最終目的的方法」。

情境 5
## 事前的準備工作

想以凶惡的外表或態度嚇唬對手，絕對是錯誤的想法。不僅不會有效果，還會讓對方感覺沒有談判的誠意，到頭來吃虧的是自己。因此這一題的正確答案是「 B 探聽人類將提出的要求」。在談判的時才得知對方的要求，恐怕很難立刻做出正確的判斷。在談判前應該要探聽清楚對方將提出的要求，先想好要怎麼回答。

## 再次確認！

● 剛開始應該要建立「一定要讓會議成功」的共識。

● 應該盡可能讓抱持不同意見的人參加會議。

● 會議的見證人，應該選擇不偏袒任何一方的人物。

# 🗃 道具

## 🗃 筆記文具

準備一個筆盒或筆袋，在裡面放入直尺、奇異筆及黑紅藍三種顏色的原子筆。如果能夠備齊各種顏色及粗細的奇異筆及原子筆，不管遇上什麼狀況，都會更加方便。例如要在大張的紙上寫字，就用粗的奇異筆；想要寫小字就用細的奇異筆。

## 🗃 筆記本

筆記本是用來寫下重要事項，方便事後回顧及查看。最好選擇能夠放得進口袋的袖珍型筆記本，大尺寸的筆記本不易翻閱，而且如果想要把別人說的話記錄下來，就可以取出袋裡的筆記本使用，十分方便。要注意字最好寫得工整一點，才不會連自己也看不懂。

 訓練

## 聽取意見的能力

很多人在會議上一心只想著要表達自己的意見，但其實聆聽他人的意見就跟表達自己的意見一樣重要。假如每個人都只管表達自己的意見，那就不能算是會議了。因此在會議上應該盡可能傾聽別人的意見，從中找出對自己有用的部分，同時確認跟自己的意見的差異。

## 長話短說的能力

想像一下當別人說話很冗長時，自己的感受吧。是不是會覺得很煩，而且容易忘記內容？因此在會議上要向他人表達意見時，一定要牢記長話短說的原則。由於我們平常說話時不會刻意這麼提醒自己，因此需要一些練習才能習慣精簡的說話方式。首先自我檢查看看，自己是否會把同一句話反覆說好幾遍。

# 有「裁判」就比較不容易吵架？

## 有冷靜的第三方在場，比較不會發生爭執

在進行交涉的時候，雙方為了讓對方接受己方提出的要求或意見而爭吵，是很常發生的狀況。許多家庭都會發生的父母口角，就是最好的例子。

例如在討論假日要去哪裡玩時，父親說的都是他自己想要去的地方，這時母親可能會氣呼呼的說一句「全家人去那種地方有什麼意思」，兩人就這樣吵了起來，到最後還是沒有決定要去哪裡。你是不是也曾見過父母為這樣的事情吵得不可開交？

想要避免發生這樣的狀況，最好的方法就是找一個不偏袒任何一方的第三方居中仲裁。

舉例來說，兩個同學一起到圖書室借書，卻發生想借同一本書的情況。這時如果沒有任何一方想要讓步，當然就會發生爭執。這時如果找管理圖書室的同學居中仲裁，讓這個同學聽完兩人的說詞後作出判斷，事情往往就可以和平落幕。只要判斷的標準符合常理，例如「還沒讀過的人有優先權」，或是「先拿到的人有優先權」，相信這兩個同學應該也都能接受才對。

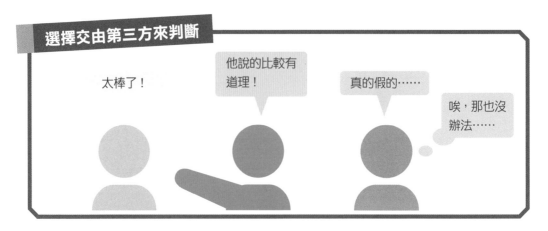

**選擇交由第三方來判斷**

太棒了！

他說的比較有道理！

真的假的……

唉，那也沒辦法……

在進行交涉的時候，如果雙方一直各說各話，就算討論得再久也沒辦法達成共識。但此時如果有不偏袒任何一方的「第三方」提供意見，往往就能比較容易討論出結果。

## 如果被拜託當第三方協助仲裁，應該採取什麼行動？

如果在某一場交涉中被拜託擔任中立的第三方，最重要的一點就是「不能偏袒任何一方」。

同樣舉剛剛那個圖書室的例子，如果管理圖書室的同學剛好是其中一人的好朋友，另一人一定會懷疑「這個人可能會偏袒對方」。如果後來的仲裁結果確實對他不利，他肯定會大喊「你是故意幫他說話吧。」

另外，在擔任第三方的時候，還必須提醒自己要隨時保持冷靜。就算其中一方的處境相當令人同情，或是說出口的話讓人想要生氣，第三方還是必須保持中立態度，不能隨便提出自己的主觀意見。唯有保持客觀，才能做出讓所有參加交涉者都能認同的正確判斷。

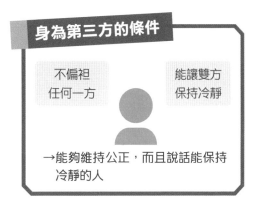

**身為第三方的條件**

不偏袒任何一方 ・ 能讓雙方保持冷靜

→能夠維持公正，而且說話能保持冷靜的人

第三方還有一個職責，就是提醒所有參加交涉者不能過度情緒化。不僅如此，第三方還是確保交涉能夠維持公平公正的監督者。假如其中任何一方以言語暗示將會動用武力或是想倚賴人多勢眾，身為第三方必須以堅定的態度加以指責。當然要做到這一點，條件是第三方必須不屈服於其中任何一方的壓力。

### 一旦流於感情用事，交涉就會失敗

任何人聽到不開心的事情，都會想要發脾氣。但是在進行交涉的時候，發脾氣會導致喪失正確判斷的能力，有時可能還會因此而讓結果對對方有利！因此在參加交涉的時候，一定要提醒自己「不管聽見什麼話都不能動怒」。

下一關預告

# 成為一個優秀的魔王！

魔男成功讓妖魔們變得團結，擁有了共同的目標。

談判前的準備工作，可說是做得相當充分。

與勇者談判的日子馬上就要來臨。

妖魔手下們提議：「當天要故意遲到，才能顯得高高在上。」

真的是這樣嗎？

無論如何，為了守護魔界的和平，

與勇者的談判一定要成功才行！

# 第7關

# 最優秀的魔王

# 第7關
# 最優秀的魔王

為了整個魔界著想，妖魔們經過溝通與交涉，終於凝聚向心力。照理來說，如今魔界應該是比勇者更占優勢才對……但是在面對生氣的對象時，該如何有效進行談判呢？

最優秀的
魔王

你會
怎麼做？

選擇
A還是B？

## 能夠提高成功機率的小建議！

**當對手動怒時，要特別謹慎小心！**
談判要成功，有一個先決條件，那就是對方必須願意聆聽自己說話，所以在談判過程中，應該盡可能別讓對方動怒。

**不能失去冷靜！**
在談判的時候，就算遭對手挑釁或恫嚇，還是必須保持鎮定。一旦失去冷靜，就算條件對己方不利也會沒有辦法察覺。

**徵詢所有人的意見！**
就算談判過程很順利，可能還是有自己沒注意到的疏失，因此要隨時徵詢眾人的意見，採納好的建議。

我身為魔王，
必須守護大家！

# 勇者為什麼在生氣？

A 因為條約內容

要選哪一邊

因為魔王的態度 B

哇！

魔男一抵達談判會場，就發現勇者隊伍每個人都是一臉怒火。難道是事先告知的條約內容讓他們感到不滿嗎？還是因為魔男聽從了手下的建議，為了表現自己高高在上，故意讓對方等了十分鐘？

正確答案請見第 108 頁

## 情境 2　道歉恐怕會讓局勢對己方不利？

A 還是道歉好了

要選哪一邊

絕對不道歉 B

即使坐在座位上，勇者隊伍還是怒氣沖沖。這樣下去恐怕無法好好談判。如果魔男道歉的話，恐怕會影響魔界氣勢，讓談判變得對己方不利。但是遲到確實是自己不對，是否還是應該誠心的道歉呢？

正確答案請見第 108 頁

## 情境 3　對方恫嚇逼迫自己接受條件

 要選哪一邊

**A** 先答應再說

**B** 絕不屈服於恫嚇

勇者提出的條件對人類非常有利，但是對魔界非常不利。勇者威脅「如果不接受，我們就立刻占領魔界」。為了保護妖魔們，是不是應該接受勇者的條件，與勇者締結條約？還是應該不屈服於恫嚇，另外提出對魔界有利的方案？

正確答案請見第 108 頁

## 情境 4　未來努力的方向

要選哪一邊

**A** 對妖魔及人類都有好處

**B** 只對妖魔有好處

既然要與勇者談判，得先決定在談判過程中的努力方向才行。對妖魔越有利的結果，當然越好，但如果結果只對妖魔有利，對人類不利，恐怕人類不會答應締結條約……到底該選擇哪一種努力方向呢？

正確答案請見第 109 頁

A　能夠讓所有妖魔接受意見的人　要選哪一邊　能夠整合所有妖魔意見的人　B

魔男成功的以新魔王身分保護了妖魔們。雖然不知道妖魔們給予什麼樣的評價，但接下來還得繼續努力才行！究竟，作為魔王，一定要抱持強硬態度，讓所有妖魔接受自己的意見嗎？還是當一個能夠整合所有妖魔意見的魔王，才是理想的魔王？

正確答案請見第 109 頁

## 對答案！

### 成為最優秀的魔王

成功？失敗？　>>>　查看「提高成功率的方法」！

## 最優秀的魔王

\\ 正確答案是這個！ //

# 提高成功率的方法

魔男終於抵達與勇者談判的會場。為了讓魔界與人類世界和平共處，你是否做出了正確的決定？

### 情境 1
### 勇者為什麼在生氣？

正確答案是「 **B** 因為魔王的態度」。一個沒辦法在約定好的時間準時赴約的人，無法獲得他人的信任。就算是魔王，也不應該讓別人苦苦等候。不管參加任何會議，都應該要準時到場。

### 情境 2
### 道歉恐怕會讓局勢對己方不利？

明明知道自己做錯事卻不道歉，絕對是不正確的態度。因此正確答案是「 **A** 還是道歉好了」。自己沒有遵守時間，讓對方在現場等候，顯然是自己的錯。但要注意的是僅針對自己做錯事的部分道歉，但談判內容無需因此妥協。而且道歉的目的並不是為了安撫對方的情緒，只是為自己的錯誤行為表達歉意。

### 情境 3
### 對方恫嚇逼迫自己接受條件

正確答案是「 **B** 絕不屈服於恫嚇」。所謂的「恫嚇」，指的就是藉由讓對方陷入緊張不安的情緒，誤導對方做出錯誤的判斷。遇到談判的對手採用這種策略，絕對不能輕易妥協。勇者說如果不答應就會立刻占領魔界，但他們真的做得到嗎？應該要仔細思考對手說的話是真是假，盡可能維護魔界的利益。

## 情境4
## 未來努力的方向

人類絕對不可能接受只對妖魔有利的方案，所以正確答案是「Ⓐ 對妖魔及人類都有好處」。就算靠言詞或障眼法矇騙對方，事後對方發現被騙，一定不會善罷甘休，反而徒增糾紛。因此己方可以退讓的部分，就應該考慮退讓。既然雙方一開始同意談判，代表有妥協的意願，應該把心思放在找出雙方都能接納的方案。

## 情境5
## 理想的魔王應該是……

正確答案是「Ⓑ 能夠整合所有妖魔意見的人」。假如魔王只是單方面要求妖魔接納自己的意見，那些不被接納意見的妖魔一定會心生不滿。因此想要打造安居樂業的魔界，魔王一定要能夠整合群眾的意見。當然這並不表示魔王必須放棄自己的意見。在魔王需要整合的意見之中，也必須包含魔王自己的想法。

**再次確認！**

- 對手說的話是真是假，一定要仔細求證。
- 應該要追求的是「雙方都有好處」的結果。
- 一個理想的領導人，必定是一個「能夠整合眾人意見」的人。

# 道具

## 名牌

在參加會議的時候，或是與第一次見面的人交談時，為了避免忘記對方名字的尷尬，建議可以使用名牌。名牌是放在桌上的立牌，也可以是別針固定在胸前的樣式。除了姓名之外，也可以加上身分或職稱和頭銜。

## 圓桌

在進行對談的時候，如果使用四方形的桌子，會有種針鋒相對的感覺，容易發生爭執。但如果使用圓桌，不僅參加者會更踴躍發言，而且要整合意見也會比較容易。如果臨時沒辦法取得圓桌，可以試著移動桌椅，排列成圓形。

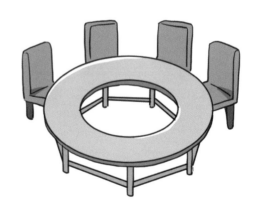

#  訓練

## 思考對手的利益

人類與妖魔不僅立場不同，想做的事情也完全不同。如果真的必須一起生活，雙方都不能只顧著自己的利益。因此在進行交涉的時候，除了必須想清楚己方的要求之外，還必須想一想對方是否也能得到利益。這時建議可以把自己當成對方，站在對方的立場思考這件事情。

## 把自己的想法寫在筆記本上

要討論或交涉出讓雙方都滿意的方案，是一件很不容易的事情。因為雙方都會不知不覺只想到己方的意見，緊抓著利益不肯退讓。為了避免這樣的狀況，建議可以在聆聽了對方的說詞之後，把自己的想法寫在筆記本上。藉由書寫下來，可以更加釐清自己的想法，更容易找出問題點。

# 表決的聰明運用法

## 交涉不能因為一個人的反對而中斷

交涉的會議經常會發生沒辦法讓所有人達成共識的情況。當遇到這種情況時，就只能以「表決」的方式來決定最後的結論。如果要採取「表決」，有一點必須注意，那就是不能完全不給反對方表達意見的機會。尤其是當雙方的票數差距不大時，輸的一方可能會抱怨「明明人數差不多，為什麼我們要聽你們的」，如此一來就很容易發生糾紛。

為了避免這種情況，應該要先讓雙方都有發表意見的機會，先設法找到「雙方都能勉強接受」的方案，最後才進行表決。舉個例子，假設表決的主題是「遠足要去動物園還是水族館」，當有許多人都說「想到動物園摸一摸毛茸茸的動物」，就算有些人心裡想著「要我看動物是可以，但我實在不想觸摸動物」，但可能也不好意思說出口，這時他們就會抱持反對態度。

在會議中如果能夠問出這些反對者的真實心聲，大家或許就會想出「選擇不以接觸動物為主要賣點的動物園」之類的折衷方案，反對者也許就會認為「如果是這樣的話，勉強可以接受。」

### 如果不能做到所有人都贊成，那就只能靠表決了

假如規定必須「所有人都贊成」……　　　　假如規定「最後採表決方式」……

贊成！　　反對！　　　　　　　贊成！　　反對！

沒辦法……

討論不出結果　　　　　　　　　能夠討論出結果

如果有一個方案能夠「獲得所有人贊成」，那當然是再好不過的事情。但要讓所有人都滿意，絕對不是一件容易的事。如果真的沒辦法做到完美，這時就必須退而求其次，尋找所有人都能「勉強接受」的方案。

## 交涉不必追求所有人都贊成

交涉過程最好能做到讓所有人都贊成，這是大家都知道的事情。

如果讓所有人都充分表達意見，慢慢找出每個人都能接受的方案，確實有可能做到讓所有人都贊成。

但是這樣的做法畢竟太花時間，而且只要有一個人完全不肯退讓，交涉就永遠沒辦法有結果。

遇到這種情況，除了表決之外，還有另一種做法，那就是宣布會議結束，同時告訴大家：「請在下次會議時提出自己可以接受的其他方案」。

舉個例子，假設運動會快到了，全班在討論要由誰參加什麼項目。通常像這樣的討論，絕對不可能做到「讓每個人都參加自己想參加的項目」。因此若

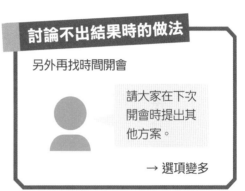

**討論不出結果時的做法**

另外再找時間開會

請大家在下次開會時提出其他方案。

→ 選項變多

以「讓每個人都滿意」為目標，會議將永遠沒有辦法結束。像這種情況，最好的變通方式就是告訴大家「請在下次會議時提出想參加項目的前三名」。只要能夠做到「每個人都能選到前三名」，相信大家都會贊成，而且組合方式變多了，要調整也比較容易，最後就能討論出讓大家都能接受的結果。

**在開會決定方案之前，先把話説清楚**

如果決定方案的規則是「必須所有人都贊成」，或許有些人會為了自身利益而故意堅持不贊成，讓方案無法確定。為了防止發生這種情況，在會議一開始就應該告訴大家「最後如果討論不出結果，就以表決方式決定」。

## 終章 魔男回歸

魔男與人類的談判非常成功，魔界終於恢復了和平。

現在的生活真是和平呢！

等等，魔界真的適合這種和平的生活嗎？

當然呀！魔王陛下！

沒錯！

就算是妖魔，也是會渴望和平的！

您真的是太英明了！（爆淚）

淚流滿面

這沒什麼啦……

太誇張了……

不過這陣子真的和妖魔及人類做了許多交涉呢。

魔王陛下，我要把披風和魔杖都還給你！

魔……魔男陛下！

既然前任魔王已經復活，魔界一定可以越來越強盛。

我也得回自己的世界才行了！

可是……我回得去嗎？

放心吧！

既然我復活了，還有什麼我辦不到的事？

你就安心回你的世界去吧……

魔王陛下……

再見了！

回去吧回去吧〜！（咒語）

吱吱 吱吱

回去你原本的地方吧〜！（咒語）

魔男陛下！

謝謝您！魔男陛下！

大家……

吱 吱吱吱

再見了……！

轟轟！

別一直看漫畫！
還不趕快整理
行李？

咦？

？

這是怎麼回事？

漫畫……？

難道我在做夢？

沒時間了！
快點來幫忙！

好……

直到現在，我依然不敢肯定在魔界那段日子是不是做夢……

噗噗～

因為搬家的關係，我也換了一個新學校。

我叫九田魔男！

新學校的人數比東京的學校少得多，但有許多有趣的同學……

剛開始的時候，我很擔心能不能適應⋯⋯沒想到我跟同學們相處得非常好，連我也嚇了一跳。

我想找個人跟我換下星期的打掃工作，但沒有人要跟我換⋯⋯

真的嗎？我建議你可以⋯⋯

這主意不錯！我明天就試試看！

嗯，加油！

在魔界學到的事情，給了我很多幫助⋯⋯

# 改變世界趨勢的

## 著名演講

### 「演講」其實就是「交涉」的進化版

「交涉」是一種在生活中非常實用的技能，而「演講」更是對群眾的一種交涉。「演講」是一種非常強大的技能，如果使用得好，不僅能夠讓他人接納自己的想法，甚至還有可能讓社會變得更好！以下介紹一些偉人的重要演講，這些演講都曾經改變一個國家的方向，甚至是整個世界的趨勢，可以說全都是足以名留青史的精彩演講！

亞伯拉罕
・林肯

亞伯拉罕
・林肯

馬丁・路德
・金恩

馬拉拉・
尤沙夫賽

象徵著美國人民的自由之心

# 亞伯拉罕・林肯

------- **他是誰？** -------

亞伯拉罕・林肯（Abraham Lincoln）是美國的第 16 任總統。美國在1863年分裂成南北兩邊，爆發了戰爭，傷亡超過 9 千人。當時林肯站在陣亡士兵墳墓前方進行的那場演講，幾乎成為最佳演講的代名詞，直到今天依然為人津津樂道。

## 「民有、民治、民享的政治」

（前略）我們堅決不讓這些為國捐軀者死得毫無價值。（中略）民有、民治、民享的政治，必須在這世上擁有永垂不朽的鞏固地位。

## 強調人民的自由與平等

這場演講被後人稱為「蓋茲堡演講（Gettysburg Address）」，據說只有短短2分鐘。在這極短的時間裡，林肯成功的讚揚了為國捐軀的士兵，同時強調了人民的自由與平等。如此精彩的內容，讓這場演講成為美國歷史上最著名的演講之一。

據說在演講完的當下，林肯的臉上流露出了落寞的表情，而臺下的聽眾並沒有鼓掌，現場一片寂靜。總統的一席話讓所有人大受感動，甚至連拍手也忘了。

## 保障了日本戰後和平的首相

# 吉田茂

---

## 他是誰？

---

吉田茂是日本的政治家。日本在1945年第二次世界大戰戰敗，吉田茂在隔年就任首相。他大力推動日本的戰後復興工作，並且在1951年召開的戰後交涉會議「舊金山和平會議」中，以落落大方的態度發表了精彩的演講。

### 「日本的歷史翻開了新的一頁」

（前略）我國也在這場大戰中蒙受了最大的破壞與毀滅。（中略）日本的歷史翻開了新的一頁。

（中略）我們誓言將與追求和平、正義、進步與自由的諸國為伍，並且為了達到這些目的而竭盡全力。

## 對日本的戰後復興工作有著莫大貢獻

日本在第二次世界大戰中戰敗後，有一段時期是由以美國為首的戰勝國統治。日本後來沒有成為其他國家的領土，吉田茂功不可沒。吉田茂並沒有對GHQ（盟軍最高司令官總指揮部，為General Headquarters縮寫）唯命是從。其證據之一，就是他在「舊金山和平會議」中進行的那場留名青史的演講，並不是使用占領軍所使用的英語，而是使用日語，讓與會的諸國領袖都嚇了一跳。他在演講中強調日本未來將成為「守護和平」的國家，或許正是因為他這一席話，日本才得以避免遭列強瓜分的命運。後來他更是為了復興戰後的日本，推動包含振興經濟在內的各種政策。

帶動了消除歧視的風氣

# 馬丁・路德・金恩

---

## 他是誰？

馬丁・路德・金恩（Martin Luther King）是一位美國牧師，他生前大力提倡種族平等觀念。在1950年代的美國，種族歧視非常嚴重，金恩牧師是在這樣的氛圍下追求種族平等。到了1963年，一群希望消除種族歧視的有志之士，舉行了一場名為「向華盛頓進軍（The Great March on Washington）」的活動。金恩牧師正是這場活動的主導者，他在廣場上向眾人進行了一場相當著名的演講。

### 「我有一個夢想」

（前略）我有一個夢想。有一天，就連萬惡的人種歧視主義者所生存的阿拉巴馬州，黑人的男孩和女孩，將能夠與白人的男孩和女孩牽起手，成為兄弟姐妹。

## 帶動了立法禁止人種歧視的趨勢

金恩牧師在演講中不斷重複著「I have a dream（我有一個夢想）」。這句話不僅淺顯易懂，有著撼動人心的力量，而且還帶有巧妙的韻律感，讓人朗朗上口，有如歌謠一般。

就在金恩牧師進行演講的隔年，也就是1964年，他因為在消除人種歧視上的貢獻受到高度讚揚，獲得了諾貝爾和平獎。金恩牧師去世之後，他在這場演講中所傳達的理念獲得了傳承，使得全世界逐漸形成不應該歧視他人的風氣。

## 主張廢除對女性及孩童的不平等對待

# 馬拉拉・尤沙夫賽

-------- 他是誰？ --------

馬拉拉・尤沙夫賽（Malala Yousafzai）是南亞國家巴基斯坦的人權運動家[1]。她曾遭阿富汗（鄰近巴基斯坦的中東國家）領袖組織「塔利班[2]」暗殺，奇蹟似的保住了性命。其後她在2013年受邀至聯合國[3]總部進行演講。在這場演講裡，她告訴全世界的人，她衷心期盼有一天全世界的孩童都擁有受教育的權利。

## 「所有的孩子都有權接受教育」

（前略）親愛的兄弟姊妹們，為了讓所有的孩子擁有更加燦爛的未來，我們衷心期盼每個孩子都能夠在學校裡接受教育。我們將會繼續這場追求和平與教育的旅程。（中略）拿起書與筆吧，那將是最強大的武器。只要一個孩子，一名教師，一本書，以及一枝筆，就能改變我們的世界。教育，是解決問題的唯一途徑。

## 邁向每個人都能接受教育的世界

在這個世界上，還有許多人抱持著「女人與孩童沒有權利說話」這種想法。馬拉拉正是在這樣的環境裡，持續發出反抗的聲音。遭塔利班暗殺的可怕經驗並沒有讓她退縮，這份勇氣使她獲得了全世界的關注。馬拉拉一再強調「女人與孩童沒有受教育的必要」這種觀念是錯的，所有的孩童都應該接受教育。她的貢獻獲得世人的讚揚，她在2014年就以17歲年紀獲得諾貝爾和平獎。

※1：為了提倡每個人都應該擁有與生俱來的權力，而持續發起社會運動的人。
※2：統治阿富汗及其他一部分中東地區的激進宗教組織。
※3：由世界上大部分國家派出的代表所組成的國際性組織。

## 主要參考文獻

- 《實踐！交涉學─如何形成合意？》松浦正浩著（筑摩書房）
- 《如何找出折衷點 ： 世界上最簡單的談判學入門》（Cross Media Publishing）
- 《改變世界的100場演講 上》Colin Salter著／大間知知子譯（原書房）
- 《改變世界的100場演講 下》Colin Salter著／大間知知子譯（原書房）

●● 知識讀本館

這個時候你該怎麼辦？

# 從魔界守護到領導溝通的生存挑戰

監修｜明治大學專門職研究所治理研究科專任教授 松浦正浩
繪者｜花小金井正幸
譯者｜李彥樺

責任編輯｜詹嬿馨
封面設計｜李潔
內頁排版｜翁秋燕
行銷企劃｜王予農

天下雜誌群創辦人｜殷允芃
董事長兼執行長｜何琦瑜
媒體暨產品事業群
總經理｜游玉雪
副總經理｜林彥傑
總編輯｜林欣靜
行銷總監｜林育菁
主編｜楊琇珊
版權主任｜何晨瑋、黃微真

出版者｜親子天下股份有限公司
地址｜台北市 104 建國北路一段 96 號 4 樓
電話｜（02）2509-2800　傳真｜（02）2509-2462
網址｜ www.parenting.com.tw
讀者服務專線｜（02）2662-0332　週一～週五：09:00~17:30
傳真｜（02）2662-6048　客服信箱｜ parenting@cw.com.tw
法律顧問｜台英國際商務法律事務所・羅明通律師
製版印刷｜中原造像股份有限公司
總經銷｜大和圖書有限公司　電話：（02）8990-2588

出版日期｜ 2024 年 6 月第一版第一次印行
定價｜ 360 元
書號｜ BKKKC273P
ISBN ｜ 978-626-305-875-0（平裝）

訂購服務
親子天下 Shopping｜ shopping.parenting.com.tw
海外・大量訂購｜ parenting@cw.com.tw
書香花園｜台北市建國北路二段 6 巷 11 號　電話（02）2506-1635
劃撥帳號｜ 50331356 親子天下股份有限公司

國家圖書館出版品預行編目（CIP）資料

這個時候你該怎麼辦？：從魔界守護到領導溝通
的生存挑戰／松浦正浩監修；花小金井正幸繪；
李彥樺譯. – 第一版. – 臺北市：親子天下股份有
限公司, 2024.06
128 面；17x23 公分. –（知識讀本館）
譯自：キミならどうする！？もしもサバイバル
魔王になって魔界を守る方法
ISBN 978-626-305-875-0(平裝)

1.CST: 科學　2.CST: 通俗作品

307.9　　　　　　　　　　　　　　113005198

立即購買 >